蜜蜂授粉科普系列丛书

蜜蜂授粉水果更美味

农业农村部种植业管理司
全国农业技术推广服务中心　编绘
中国农业出版社

U0380876

中国农业出版社
北京

苹果

梨

桃

杏

仁果类——中间有个薄膜做成的"小房子"，里面住着好几颗果仁。

核果类——中间的"小房子"是木质的，里面只有一粒果仁。

可不能光吃呦，考考你，每个类型再说了种水果。

葡萄

猕猴桃

浆果类——含有丰富的浆液，吃起来软嫩多汁。

我最爱的西瓜一定是浆果！

葡萄花

杏花

大部分水果都是植物的果实，是由花变成的，但并不是所有的花最后都能结出果实，只有授过粉的雌花才能结出硕果。

有少数果树既可以自花授粉结果，也可以异花授粉结果，比如柑橘、桃、杏、葡萄等，但大多数果树必须异花授粉才能结果，比如梨、苹果、樱桃、梅子等。

水果的一生是由花的绽放开始的。

梨花

桃花

苹果花

柑橘花

那么，什么是授粉，植物又为什么需要授粉呢？

植物要结出果实就必须经过授粉。花粉从花药传到柱头的移动过程叫做授粉。植物经过授粉后才能够受精，进而才可能结出果实并产生种子，整个生命过程才得以正常地循环。

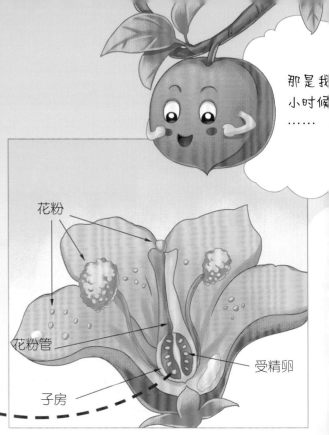

那是我小时候……

花粉

花粉管

受精卵

子房

大自然中植物授粉的方式很多，风的吹拂、昆虫的活动、河水的流淌、鸟儿的采食，都可以帮助不同的植物授粉，都属于自然授粉的范畴。

我也来吹一吹，帮助小花朵授粉。

看我英俊帅气力气大！

产量低

果实畸形

口感差

这么说，这么大个儿的梨子，肯定是授粉最好的梨花结出来的！

像梨、苹果、柑橘这种异花授粉才能结果的果树，如果只依靠自然授粉，不仅结不了太多果子，还很容易长出畸形果，吃起来口感也不好。想要吃到好看、美味又足够多的水果，我们就要想办法来帮助果树授粉！

其中一个办法是人工授粉。人工授粉可以弥补自然授粉的不足，人为帮助更多花朵授粉，但人工授粉最大的缺点是人会很辛苦，还要花费很多时间，而且爬到很高的树上给果树授粉也不安全，还容易伤害到花朵。

要说授粉领域谁最专业，那非蜜蜂莫属。蜜蜂有长长的嚼吸式口器，能够深入花朵深处吸取花蜜。采蜜时，它们全身的绒毛，尤其是头、胸部分支状绒毛非常容易黏附微小的花粉粒，一只蜜蜂大约可携带500万粒花粉，授粉效率高极了！

一只蜜蜂一天可以外出采集6～8次，每次可采集50～100朵花，授粉次数多过任何单一群体的授粉昆虫。

蜜蜂是授粉成功率最高的昆虫。对于人工养殖的蜜蜂，在果树开花时，只需将蜂箱在果园里安置妥当，蜜蜂就会自动采集花粉，当完全采集完一种果树之后，蜜蜂才会开始采集下一个品种。

最主要的是，蜜蜂多数时间不用人类提供食物，他们采蜜授粉的同时也收获了丰富的食物，不仅能养活自己庞大的家族，还能给人类提供甜美的蜂蜜等蜂产品。

保证完成任务！

这次的任务是苹果花！

蜜蜂的生活很规律，经过一天的辛勤劳动，到傍晚就会准时全员回巢。如果一个果园的授粉工作完成了，需要转移蜂群，就等蜜蜂工作完都回到蜂箱后，把蜂箱上的小门一关，直接搬上汽车，便可顺利地将蜂群带往下一个授粉目的地。

人工养殖的蜜蜂就像军队的战士一样，真是厉害！

蜜蜂有很多种，目前用于人工养殖授粉的主要有意大利蜂、中华蜜蜂、熊蜂、壁蜂等，一起来认识一下吧。

意大利蜂（也叫"意蜂"）是我们的老朋友了，不管是在温室大棚，还是田间野外，意蜂都能发挥自如。意蜂身体强壮、繁殖力强、易于管理、擅长长途迁徙，这些优势保证了无论在谁的主场，它们都能独占鳌头。

你们在路边最常见到的蜜蜂，十有八九是我们意蜂。

胖乎乎、毛茸茸的熊蜂是蜜蜂家族里的"可爱担当"，它们耐寒又耐湿，既能在潮湿的温室大棚工作，也能适应寒冷的山地，是海拔3000米以上常见的授粉蜂。

中华蜜蜂（也叫"中蜂"）是我国独有的当家品种。它们身材娇小，体色偏暗。中蜂是蜜蜂家族中勤劳的典范，它们出巢早、回巢晚，吃得少、干得多。中蜂可以给早春或晚秋开花的树木及其他零星开花植物授粉。

可没这么简单，蜜蜂也是分品种的，下次见到蜜蜂要仔细观察一下哦！

壁蜂算得上是蜜蜂家族中的"异类"，它们不喜欢群居，没有蜂王和工蜂之分，独立生活在自己用植物叶子建造的细长巢管内。壁蜂擅长为苹果、梨、桃、樱桃、杏、李等很多北方果树授粉。

我还以为蜜蜂都长一个样呢！

蜜 蜂 采 蜜 范 围 图

以蜂箱位置为圆心，2～3千米半径范围内的地方，蜜蜂都能有效采集。

　　苹果开花期一般集中在早春三四月，采用耐低温的中华蜜蜂授粉效果比较好，养殖规模大的意蜂也是很好的选择。

　　一只蜜蜂一次出巢可采50～100朵花，每天平均出巢6～8次，最多的时候可以达到几十次，一个繁殖高峰期的蜂群中个体数量可达到数万只，可想而知这个授粉军团的战斗力有多强大！

为了使蜜蜂保持最佳工作状态，果农和蜂农要做好后勤保障服务。比如，降温了要给蜂箱盖棉被，天热了要给蜂箱通风洒水，花粉和蜂蜜太多了，要及时取出来，否则蜂箱内空间会太过拥挤。让蜜蜂们保持舒适状态，这样才能专心工作。

蜂巢里好舒服呀！

规模化种植的果园是病菌和害虫的理想家园，果园里丰盛的食物吸引来这群入侵者。病虫害发生严重时，果农首先会想到"该打药了"，但如果病虫害发生在果树开花阶段，蜜蜂正在授粉的时候，还可以喷洒农药吗？当然是绝对不行的！

要知道农药本身并不是坏东西，正确、科学地使用农药，可以让植物少生病、更健康，但如果错误使用农药，那农药就会变成"毒药"，不光会伤害人类，更会伤害小动物们，尤其是弱小的昆虫。

蜜蜂是很勇敢很团结的社会性动物，就连强壮的大熊偷吃了蜂蜜都会被蜂群围攻。但是，面对人类喷洒的农药它们毫无招架之力。

19

在果树生长的不同阶段，对果树进行合理的施肥与修剪，可以让果树长得更健壮，从而更多地开花结果。

土壤菌群均衡，生态环境稳定。

爱吃有机肥，它让我更健康。

有机肥

生物菌肥

人打疫苗可以刺激身体产生相应的抗体来抵御病毒。你听说过给果树接种"疫苗"吗？免疫诱抗剂也叫植物疫苗，是一种神奇的生物制剂，当给果树接种后，可以激活果树自身的一系列抗性反应，提高果树的免疫性能。

植物疫苗

提取

海洋甲壳贝类

打了疫苗，你就更强大了，要多开花多结果哦！

22

幼嫩的果实在成长过程中要经历风吹雨打的考验，以及病虫害的威胁。与其让害虫们惦记，不如提前穿件"衣服"，保护自己。当苹果、梨、柑橘等果实长到核桃大时，就把果子套进专用的袋子里。待果子成熟后将袋子摘掉，果实表面光洁，颜色均匀，而且农药残留少。

果实套袋

果园生草

原来这些都是益虫啊！

很多人以为田间的杂草都是有害的，应当全部除掉，但这是不对的呦！很多杂草都有增加土壤有机质和保持水土的功效，而且它们还是小昆虫的乐园。昆虫是果园里的原住民，人为地果园生草可以保护和繁育天敌，从而减少害虫的数量，所以"见草就除，除草务净"是不对的！

小花蝽

草蛉

瓢虫

哇！这里看起来好温馨！

这是我们的乐园，欢迎来做客。

在果树的行间种上油菜、三叶草、毛苕子、繁缕等绿肥植物，或者保留果园里的小旋花、灰菜、猪毛菜、苋菜等自然杂草，就为瓢虫、草蛉、小花蝽等自然天敌提供了良好的栖息和繁衍环境，还能调节果园内的温湿度，为果树生长提供良好的生态小环境。

需要注意的是，不能种植花期与果树花期相近的植物，这会影响蜜蜂给果树授粉的专一性（蜜蜂有被其他花吸引的可能）。

三叶草

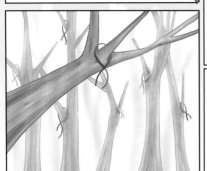

我怎么没闻出来味道？

只有虫子才能闻到，是不是比撒农药温柔多了。

果园里时常会看到一些树枝上绑扎了红色、绿色的塑料细管，这可不是用来区分果树是谁家的标记，而是用来迷惑害虫的迷向丝。迷向丝里含有人工合成的性诱剂成分，可以缓慢释放一种只有虫子能闻到的神奇味道，这种味道能引诱雄虫寻找雌虫，求偶交配，通俗地讲是"假姑娘引诱真小伙"。

把迷向丝缠绕在树枝上，用气味将果园包裹起来，雄虫沉浸在诱人的气味中，被"迷"得晕头转向，无法准确定位，更不可能找到真正的雌虫去交尾，从而切断了害虫的繁殖，减少后代害虫数量。

迷向丝

诱捕器

我来了，亲爱的。

那是我们爱的小屋！

　　果园里还会看到一些三角形或船式小屋挂在树枝上，里面挂有一个小钟形的橡胶塞或毛细管，底部铺有黏板，上面往往黏着好多的害虫，这也是一种诱捕害虫的装置，叫做性诱芯诱捕器。与迷向丝的原理一样，也是通过释放雌性害虫信息素吸引雄性害虫求偶的方式来消灭害虫。

　　在果园中按照"外围密、中间少"的原则，将诱捕器悬挂在树枝上，然后就等待害虫们自投罗网吧！

昆虫成虫羽化需要消耗大量能量，所以羽化后它们会急切地补充营养，人们根据这个习性，给它们研制出了一种特殊的食物。这种食物闻起来有浓郁的酸甜香味，这种味道对害虫有极强的吸引力，其实里面添加了一定量的杀虫剂，害虫吃完很快就会中毒而亡。

是挺香的，我都想尝尝了！

快来吃饭喽！
吃饱就不要吃
我的果子了。

玉米大豆
混合发酵　　→　加入
　　　　　　　杀虫剂　　→　"甜蜜陷阱"

杀虫剂

不同的虫子口味不一样：鳞翅目、双翅目害虫喜欢甜酸气味，那就给它们上糖醋液；实蝇则喜欢酸臭的发酵味道，用玉米、大豆、酵母经过混合发酵，再加入杀虫剂，一份特制的美食就做好了。在虫子活跃的早晨或者傍晚，将液体均匀喷洒到果树背阴面中下层叶片上，过一会儿就会引来很多害虫了。

杀虫灯

　　昆虫对光都很敏感，而且不同种类的昆虫喜好的光源颜色也不一样，比如危害果树叶子和根的金龟子喜好绿色光；夜蛾、灯蛾、毒蛾等鳞翅目的蛾子喜好紫外光。杀虫灯正是利用昆虫这个特性发明的，在害虫危害期的傍晚开灯，引诱害虫扑向灯光，杀虫灯自带的高压击杀网会将其消灭。

使用药剂永远是最后的选择！

　　遇到特殊的气象条件，会有病虫暴发的可能，为了果品产量和品质，可以使用绿色、高效的生物药剂。生物药剂对人、畜、农作物和自然环境安全，不伤害天敌，没有残留污染，对昆虫也友好。

收获的季节到了，果子采收后，果园里会残留一些废弃的果袋，还有一些枯枝落叶和病虫果，这些地方对病菌害虫来说既隐蔽又温暖，可以帮助它们安全过冬，这对即将休眠的果树来说是很大的威胁，要是病菌害虫安全越了冬，那来年果树又要遭殃了。

咦，这块地儿很舒服，我要开睡喽！

这有只小虫子，快把它赶走。

为了防止有"漏网之虫"，在害虫越冬前，在树干上捆绑草把或诱虫带，人为地给害虫创造一个"温暖小窝"，引诱害虫在其中越冬，第二年惊蛰前解除草把或诱虫带，然后将其集中烧毁，这种方法可以消灭大量的越冬虫源。

诱虫带

最后还要给果园做个"年度保养"，修整枝杈，清扫果园内修剪下来的枝条、病虫僵果、粗老翘皮，再将它们集中烧毁；配制涂白剂对果树主干和大枝进行涂白；土壤封冻前，将果树周围土壤深翻，尽可能破坏病虫害越冬的舒适场所，这些方法都可以减少来年害虫的数量。

果园生长期绿色防控表

休眠期

开花时

采果后

幼果期

着色成熟期

果实膨大期

如果果园一年四季都能按照正确的绿色防控方法来进行防控，那我们收获的果实肯定会更安全、更优质，不仅如此，果园里也会有更多蝴蝶、蜜蜂和其他可爱的小昆虫找到合适的栖息地，这才叫人与自然和谐共处。

我们每天吃的水果，离不开果农伯伯的辛勤劳作，更离不开蜜蜂们的帮助。蜜蜂是我们的好朋友，我们一定要保护好它们。关爱蜜蜂，保护地球，就是保护我们人类自己。

图书在版编目（CIP）数据

蜜蜂授粉水果更美味 / 农业农村部种植业管理司，
全国农业技术推广服务中心，中国农业出版社编绘. —
北京：中国农业出版社，2023.10
（蜜蜂授粉科普系列丛书）
ISBN 978-7-109-31109-1

Ⅰ. ①蜜… Ⅱ. ①农… ②全… ③中… Ⅲ. ①果树-
蜜蜂授粉 Ⅳ. ①S897

中国版本图书馆CIP数据核字(2023)第173685号

蜜蜂授粉水果更美味
MIFENG SHOUFEN SHUIGUO GENG MEIWEI

中国农业出版社出版
地址：北京市朝阳区麦子店街18号楼
邮编：100125
责任编辑：司雪飞
版式设计：姜　欣　责任校对：吴丽婷
印刷：鸿博昊天科技有限公司
版次：2023年10月第1版
印次：2023年10月北京第1次印刷
发行：新华书店北京发行所
开本：889mm×1194mm　1/24
印张：$1\frac{2}{3}$
字数：20千字
定价：36.00元